儿童财商故事系列

你的第一次小生意

曹葵 著

U0308558

四川科学技术出版社
·成都·

图书在版编目（CIP）数据

儿童财商故事系列. 你的第一次小生意 / 曹葵著
. -- 成都：四川科学技术出版社，2022.3（2024.6重印）
ISBN 978-7-5727-0276-1

Ⅰ. ①儿… Ⅱ. ①曹… Ⅲ. ①财务管理－儿童读物
Ⅳ. ①TS976.15-49

中国版本图书馆CIP数据核字（2021）第188811号

儿童财商故事系列·你的第一次小生意

ERTONG CAISHANG GUSHI XILIE · NI DE DIYICI XIAOSHENGYI

著　者　曹葵

出 品 人　程佳月
策划编辑　汲鑫欣
责任编辑　江红丽
特约编辑　杨晓静
助理编辑　文景茹　魏晓涵
监　制　马剑涛
封面设计　侯茗轩
版式设计　林 兰　侯茗轩
责任出版　欧晓春
内文插图　浩馨图社
出版发行　四川科学技术出版社
　　　　　成都市锦江区三色路238号 邮政编码：610023
　　　　　官方微博：http://weibo.com/sckjcbs
　　　　　官方微信公众号：sckjcbs
　　　　　传真：028-86361756
成品尺寸　160 mm × 230 mm
印　张　4
字　数　80千
印　刷　天宇万达印刷有限公司
版　次　2022年3月第1版
印　次　2024年6月第3次印刷
定　价　18.50元
ISBN 978-7-5727-0276-1
邮购：成都市锦江区三色路238号新华之星A座25层　邮政编码：610023
电话：028-86361758

主要人物介绍

小·亦

咚咚的妹妹，喜欢思考，
行动力强，善于沟通

咚咚

古灵精怪，好奇心强，
想法多，勇于尝试

咚爸

性格温和，
有耐心，
非常理解孩子

咚妈

脾气有些急，
但有爱心，
理解并尊重孩子

第 1 章

做生意很好玩儿

　　做生意就像玩儿孤岛生存游戏一样。有的人怕苦怕累，就提前撤退了；有的人胆大心细，就能生存下来；有的人玩儿出了窍门儿，越玩儿越起劲儿。小朋友，你想试一下做生意的感觉吗？

咚妈要开一家干果店。

她早就确定了进货渠道，租下一家店铺，装修得非常有特色。

店铺明天就要开业了，咚妈今天有很多事情要做，咚咚和小亦怎么可能不在场呢！尤其是小亦，非常想体验做生意的感觉。

小亦和咚妈一起贴商品标签儿，整理收银台，摆放电子秤，粘贴收款码……她们很晚才忙完。

第二天是周末，小亦一大早就跟着咚妈去店里帮忙。虽然是开业第一天，但店铺里的客人可真不少。

"你们家的开心果可不便宜啊！"客人说，"我可以尝尝吗？"

"当然可以！"

客人尝了一粒，又看了看其他干果，然后就走了。小亦很失望。

　　这时，店里又来了一位客人。

　　"欢迎光临，有什么可以帮您？"小亦礼貌地问。

　　"我随便看看。"这位客人笑了笑说。

　　"您尝尝我们的花生吧，特别好吃。"小亦跟着客人走到摆放花生的地方，随口推荐道。

　　"我不喜欢吃花生。"客人拒绝了她的推荐。

　　"那您喜欢吃什么呢？"小亦继续问道。

　　"我没想好买什么呢，我自己先看看吧！"客人说。

　　小亦很失望，只好默默地走开。

　　咚妈见状，赶紧走上前去，对客人说："店里有本地的特产，您可以看一看。"

我热情似火，客人却冷若冰霜。

做生意就是经商，也叫做买卖，是赚钱的一种方法。做生意需要智慧、耐心和勤奋，这样才能抓住赚钱的机会。

"好啊！"这下客人来了兴致，赶紧跟着咚妈去看了看。

客人和咚妈聊了几句，然后买了几样特产，开开心心地走了。

"奇怪，我那么热情，客人怎么不搭理我呢？"小亦说。

"做生意一定要明白一点，那就是对不同的客人要用不同的推销方法，而且还要注意观察，猜猜客人到底需要什么。这位客人的口音不像本地人，可能是来我们这里游玩的人，所以买特产的可能性比较大。"咚妈解释说。

"哦，难怪她这儿看看那儿看看的，根本没什么目标。"

"对呀！而且你是个小朋友，客人来买东西时，一般不喜欢听小朋友推荐。"咚妈又说。

"为什么呀？"小亦有点儿不服气。

"因为小朋友不够专业啊，你去买东西时，见过小朋友当销售员吗？"

小亦想了想，自己无论是去买衣服、买鞋子、买零食，还是买玩具，确实都没有碰到过小朋友当销售员。

"难道小朋友就不能当销售员吗？"

"当然可以，但是要采用合适的方式。比如可以向别的小朋友推荐商品等。"咚妈提示说。

"哦，我好像明白了。"

过了一会儿，一位妈妈带着一个小女孩来到店里，小亦赶紧迎上去，向小女孩推荐各种好吃的零食。她说："我们店里有很多好吃的东西，你想尝尝葡萄干吗？可甜了。"说着拿了一小袋试吃的葡萄干递给那个小女孩。

"酒香也怕巷子深"，做生意除了要重视产品的质量之外，还要重视销售方法。销售方法好，商品才会更吸引人，客人才会更想买，我们才能挣更多的钱。

5

小女孩尝了尝，说："嗯，真甜！"然后抬头对妈妈说："妈妈，我想吃葡萄干。"

"好呀，那我们买点儿吧！"小女孩的妈妈爽快地答应了。

客人刚走，小亦就高兴得手舞足蹈。咚妈说："看来你还真是个做生意的好苗子啊！"

这一天下来，收入不少，咚妈很高兴，小亦也觉得今天特别好玩儿，特别有成就感。

在接下来的几个星期里，小亦和咚咚经常在放学后和周末的时候去咚妈的店里帮忙。虽然非常忙碌，但他们觉得很充实、很快乐。

有一天，他们兄妹俩把妈妈做生意的事情告诉了好朋友三条和皮蛋儿，还说："咱们要不要一起做个小生意，可好玩儿了！"

"好呀，我们还没做过生意呢！"几个小朋友都很心动。

我能行，肯定行！

三条放学回家后就嚷嚷着要做生意，可是三条妈告诉他："做生意可不是那么简单的事情哦！你要选择货源，给商品定价，存放商品，采用各种各样的营销方法，想办法维护老客户，等等，很复杂的。"

"天啊，这么麻烦啊！"三条一听就头大了。

第二天，三条劝大家打消做生意的念头。可是小亦说："做生意的确是件麻烦事儿，可我还是想试一试。"

"可是，我不太想。"三条小声说。

"没关系的，三条哥哥，我们先做着，以后你有兴趣了再加入也行啊！"小亦说。

就这样，小亦、咚咚和皮蛋儿开始为小生意做准备了。

第 2 章

看不见的市场之手

我们经常会发现，有的商品时而涨价、时而降价，这到底是为什么呢？原来，这都是一双无形的手在操控，这双手就是市场！市场可厉害了，不动声色，就能影响商品的价格，还会让一些企业在竞争中慢慢消失或者变得更强大。市场到底是什么？它怎么会这么神通广大呢？

"猪肉都快吃不起了!"

"猪肉上个星期还是16元一斤,今天居然涨到23元一斤了,太离谱了!"咚妈买菜回来,一进门就抱怨道。

"如果我是卖猪肉的,就把价格定得低一些,让所有人都能买得起。"小亦说。

"哈哈哈,傻孩子,如果有人像你这么做生意,估计就要赔得精光了!"咚爸笑道。

"为什么呀?"小亦不明白,正和小亦一起玩儿的皮蛋儿也不明白。

"因为猪肉的价格不受卖猪肉的商贩影响,而是受市场影响,要是卖得太便宜了,就会亏本啦!"咚爸说。

"市场?是菜市场吗?它为什么能决定猪肉的价格?"咚咚疑惑地问。

卖得多赔得多,这是什么情况?

"菜市场只是一个很小的市场，而我说的市场是包括所有商品交换的地方。"咚爸接着说，"市场就像隐形的手，暗中影响着商品的价格，支配着每个人的商业行为。"

　　"您说的有点儿深奥，我没听懂。"小亦挠挠头说。

　　"我给你举个例子吧！比如菜市场的白菜是 1.5 元一斤，土豆是 0.5 元一斤，菜农们为了多赚点儿钱，纷纷开始种白菜。过了几个月，白菜的数量太多了，价格直接跌到了 0.5 元一斤。而土豆呢，因为数量比较少，价格涨到 1.5 元一斤。"咚爸笑了笑，继续说道，"你猜，接下来菜农们会怎么做呢？"

　　小亦想了想，说："他们不种白菜了，又改种土豆。"

　　"说得太对了！"咚爸说，"他们种了很多土豆，又导致市场上土豆太多、白菜太少，于是白菜的价格又涨到 1.5 元一斤，而土豆的价格又降到 0.5 元一斤。"

　　"市场真坏，把菜农们耍得团团转！"小亦生气地说。

"哈哈哈，不是市场坏，而是市场在通过价格告诉人们，现在某种商品少，需要人们多生产一些，只不过当人们一窝蜂去生产这种商品的时候，这种商品就会变得太多，又不值钱了，所以商品的价格才会来回波动。"

"可是，价格这样变来变去的，太烦人了！"小亦抱怨说。

"其实这是一件好事儿。"

"为什么呀？"小亦问。

"从长远的角度来看，这样能让市场供求趋于平衡啊！"

"什么是供求平衡呢？"咚咚问道。

"比如白菜，'供'就是市场给人们供应的白菜数量，'求'就是人们对白菜的需求量，供求平衡就是这两个数量差不多相等，这样就不会出现因白菜太多而造成供大于求，或者因白菜太少而供不应求的情况。"

小亦想了一会儿，说："如果某种蔬菜的价格一直很低，就没人愿意种了，我们也就没得吃了。"

"你总算是想明白了！"咚爸笑道。

市场到底是什么呢？从经济学的角度来说，市场就是商品交易的场所。菜市场是市场，超市是市场，商场是市场，娱乐场所也是市场，无数个小市场融合成超级大的市场。市场推动了社会分工的产生，比如在汽车行业，有人生产汽车，有人销售汽车，还有人生产各种汽车配件等。市场有平衡供求、调节商品价格等作用。

自从知道市场的调节作用后，小亦总是特别留意各种商品的价格，看看它们有没有变化。这天，小亦和咚咚在路上遇到了羽灵姐姐，小亦邀请羽灵姐姐去自家的干果店玩儿。

"阿姨，为什么开心果这么贵呀？"羽灵姐姐问咚妈。

咚妈说："因为开心果的种植成本高、结实率低，所以价格就高。"

"开心果价格这么高，那农民伯伯为什么不像之前爸爸讲过的种白菜、种土豆那样，多种点儿开心果呢？"小亦不解地问。

"因为开心果的生长需要独特的气候，我们国家只有少数几个省适合种植开心果，所以我们吃的开心果大多是从国外进口的，价格自然就高。"咚妈说。

"既然开心果这么贵，为什么还会有那么多人买呢？"咚咚非常好奇。

天呐，市场真是太厉害了！

"开心果营养丰富，总会有人买的！因为市场上买开心果的人总是很多，而且开心果很难大规模种植，所以开心果的价格也很难降下来。"咚妈笑着说。

"市场真是太厉害了！它能让白菜、土豆的价格变来变去，也能让开心果的价格一直这么贵。"小亦佩服地说。

"市场虽然很厉害，但有时也会失控。"这时，咚妈说。

"失控？难道市场控制不住商品的价格了吗？"三个小朋友同时惊讶地问。

"对呀，有一年大蒜的价格特别高，在一些地方，一斤大蒜就要 15 元左右。"咚妈说，"而且，除了大蒜，大葱、生姜、苹果等都出现过价格失控的情况。"

"那是怎么回事儿呢？"小朋友们实在太好奇了。

"比如当大蒜、生姜的价格开始上涨时，一些不法商人就大量囤积它们，等着大赚一笔，使市场供不应求的情况加剧，导致价格失控上涨。价格上涨又使得更多人囤积大蒜、生姜，导致后来进入市场的大蒜、生姜特别多，价格就迅速下跌。"咚妈说。

"原来市场也不是万能的呀！"三个小朋友几乎同时发出了这样的感慨。

"市场虽然偶尔失控，但它的表现还是挺有规律的，人们做生意时一定要关注市场动态，这样才有可能赚钱。"咚妈说。

"看来我们做生意的时候还要多考察考察市场才行。"小亦认真地说。

第 3 章

找找看，
我们身边有哪些商机

　　古希腊物理学家阿基米德说："给我一个支点，我就能撬动地球。"对做生意的人来说，这个支点就是商机。我们一旦找到了商机，就很有可能创造巨大的财富。但是，商机到底在哪儿呢？

小亦、咚咚和皮蛋儿准备做生意，不过他们连要做什么生意都没有想好呢！

　　这天，咚咚和小亦在家里反复念叨着："到底做什么好呢？"

　　"你们都念叨一上午了！"咚爸忍不住说。

　　"爸爸，我们很想靠自己的本事赚大钱呢！"咚咚说。

　　"哈哈哈，赚大钱先不用想，不过可以尝试着赚点儿小钱。"咚爸说，"做生意，首先要从身边找一找商机。"

　　"商机是什么呢？"小亦纳闷儿地问。

　　"商机就是赚钱的机会，很多人就是因为抓住了商机，才拿到了打开财富大门的钥匙。"咚爸说，"其实我们身边处处有商机。"

　　"奇怪，我怎么没有发现呢？"咚咚每天都在小区或学校附近转悠，也没看到什么商机。

商机在哪里？

"傻孩子，商机可不会自己来找你，你要用自己智慧的双眼去寻找它。"咚爸说。

在咚爸的建议下，咚咚和小亦邀请皮蛋儿来家里商量寻找商机的事情。

咚咚说："我觉得衣食住行是人们永远的需求，而且吃的东西比较便宜，我们可以尝试卖一些零食，比如干脆面、果冻、糖果等。"

"好呀，我也很爱吃这些零食！"小亦比较认可这个想法。

零食，零食，我爱吃。

"我觉得卖零食太没有创意了，应该卖一些小朋友更喜欢的东西。"皮蛋儿不太同意咚咚的说法，"比如玩具啦，男生、女生都喜欢，而且这些东西的利润更高。"

"这个主意也挺好的，我也喜欢买玩具。"小亦觉得皮蛋儿的想法也很不错。

　　自古以来，我们的生活就离不开衣食住行。直到现在，我们依然能从中找到商机。但是，这几个领域的竞争太激烈了，想要成功，离不开创意、资金等各方面的支持。

　　"可是玩具的成本比较高啊！如果卖零食，成本就低多了。"咚咚提醒道。

　　"可是零食的利润低啊！我们花同样的时间，卖零食就比卖玩具挣得少。"皮蛋儿争辩道。

　　小伙伴们没有达成一致意见，他们让咚爸咚妈帮着出主意。

"其实，你们不用卖玩具，出租玩具就行啊！"咚妈说。

"出租玩具？那我上哪儿找那么多玩具啊？"小亦觉得这个主意行不通。

"很简单啊，你们把自己的玩具贡献出来就行啦，反正只是租给别人玩儿，还能拿回来呢！"咚妈说。

"这个主意不错！除了玩具，我们还可以出租各种图书，这样同学们就不用买书看了。"咚咚又有了新思路。

"这样你们就能降低成本，不用担心赔钱了。"咚妈笑道。

"这是我们第一次做生意，可千万不能赔钱，要开门红才好。"咚咚认真地说。

做生意一定要考虑成本和利润。每个行业的利润都不同，一般来说，利润高的行业投入也更多。

图书共享！

图书租赁
0.5元/(本·天)

咚咚他们每天放学后都会讨论做什么生意更合适。三条虽然没有加入"做生意小分队"，但十分乐意帮他们出谋划策。

"你们可以卖动漫产品啊，现在哪个同学不看动漫呀！"三条说。

"动漫产品，都包括什么？"

"比如漫画书、动漫贴画、动漫玩具、动漫文具、动漫模型等，别提多受欢迎了。"三条兴奋地说，"你还记得咱们学校附近的那家动漫店吗？每天都挤满了人！"

"这个想法好棒呀！"咚咚没有想到，自己苦思冥想好久的事儿，被三条两句话就给解决了。

就这样，他们决定出租、售卖动漫产品，满足同学们的动漫梦。

做好市场调查

商场如战场。古时候的人在与敌方交战之前，都会了解、分析敌方和我方的情况，比如双方各有多少粮草、兵马，交战位置对哪方有利，双方的战斗力如何，等等。只有这样，才好排兵布阵，打赢战争。我们做生意也是如此，找到商机之后一定要做好市场调查，把自己和竞争对手的情况都了解清楚，才能在市场竞争中胜出。

"妈妈、爸爸，我们决定出租和售卖动漫产品，您觉得这个想法怎么样？"吃完晚饭，小亦开始和父母讨论做生意的事情。

"这个想法挺有意思！"咚妈说，"你们有什么打算呢？"

"先买点儿动漫贴画、动漫玩具，然后摆地摊儿卖货。"

"哈哈，你们这样做生意也太随意了！"咚爸说，"在付诸行动之前，你们要做的事情还有很多呢！比如做市场调查！"

"什么是市场调查？"小亦听得一头雾水。

"就是去调查一下你们应该卖哪些动漫产品，在哪儿卖，卖给谁，等等。"咚爸提醒道。

"这么复杂呀，我还得好好想一想。"小亦开始思考起来。

市场调查是什么呢？就是用各种方法分析和了解市场，为做生意提供更多信息。市场调查的内容有很多，比如市场环境调查、竞争对手调查、产品调查等。

小亦想明白后，觉得爸爸的建议非常有用，就和咚咚、皮蛋儿一起做市场调查。不过，他们的市场调查做得有点儿简单，都只在自己的班里展开。

　　咚咚提前打印了调查表，同学们可以匿名回答上面的问题，比如，"你喜欢什么动漫？""你喜欢哪些动漫玩具？""你喜欢看哪些漫画书？"

　　经过调查统计，他们发现女生喜欢看公主系列的动漫，男生喜欢看动作系列的动漫；女生喜欢动漫贴画、饰品和玩偶，男生喜欢漫画书、动漫模型。

　　他们觉得这次的市场调查做得很成功，可是咚妈却说："你们的市场调查太简单了，不够专业。去拿张白纸来，咱们先制订一个市场调查计划。"

　　小亦赶紧拿来笔和纸，聆听妈妈的建议。

目标客户就是我们要服务的顾客群。每个行业、每家公司、每个店铺都有自己的目标客户。比如，川菜馆的目标客户是爱吃辣味的人，粤菜馆的目标客户是口味清淡的人，等等。我们做生意的话就需要努力了解目标客户的需求。

"首先，你们要选择好目标客户。"咚妈告诉她。

"我们的目标客户是所有喜欢动漫的人，并以学生为主。"小亦边说边记录。

"那么，他们能接受的价位呢？"咚妈接着问。

"这个嘛，如果是学生，估计没有多少零花钱，买不起太贵的东西。"小亦说。

"你先把问题记下来，等一会儿我们把这些内容做成表格。"咚妈又问，"他们都喜欢哪些动漫、动漫形象、动漫产品？"

　　"大家的喜好都不太一样呢！"小亦回想起之前的调查说道。

　　"店铺应该选在什么地方？"咚妈又问。

　　咚妈说着，小亦用笔记着，不一会儿就列好了市场调查的各个事项。然后，她俩把这些列好的事项做成了一个表格，并打印出很多份。

　　"好，现在我们要去周边的小区、学校做市场调查了，出发！"原来，咚妈是要把市场调查的范围扩大。

　　就在小亦和咚妈忙着让附近的学生填写市场调查表时，咚咚和咚爸在讨论应该在哪里做生意。

　　"我觉得你们不应该随便摆地摊儿，而要找一个长期稳定的店铺。"咚爸说。

"店铺？不行不行，我们哪儿有钱租店铺啊！"咚咚听了爸爸的话，连忙摆手拒绝。

咚爸说："你们可以问问哆哆的妈妈。"

哆妈的店铺就在咚咚学校附近，旁边还有快餐店、甜品店，是个做生意的宝地。

咚咚觉得爸爸的建议太好了，立刻和爸爸去找哆妈。

"阿姨，我们能借您店铺的一角卖动漫产品吗？"咚咚礼貌地问道。

哆妈说："你们想学做生意，我当然要支持。我给你们腾一个货架。"

咚咚算了算，然后说："我们一个月付您800元租金。"

哆妈连说不用。

"那怎么行，做生意就要有做生意的样子。"咚爸说，"这是孩子们应该给的，您一定要收下。"

"嗯，爸爸说得对，我们不能让阿姨吃亏呀！"能以这么低的价钱租到这么好的摊位，咚咚高兴得不得了。

第二天，小亦向大家分享自己的市场调查信息。

小亦把收集到的信息全部统计出来，知道了小学生最喜欢的动漫产品都有哪些，而且也了解了大多数人只能接受价格在 30 元以下的东西。

"你的信息对我们太有用了！"皮蛋儿说。

当咚咚说找到了可以做生意的地方时，皮蛋儿高兴坏了，这下他们也算是真正的小老板了。

皮蛋儿也带来了好消息。

"咱们学校和小区附近一共有三家动漫产品店，我总结了它们各自的特点。"皮蛋儿说。

"什么特点？"

"有两家店铺的动漫产品质量好，但是卖得很贵；另一家店铺动漫产品卖得便宜，但是质量不太好。"皮蛋儿说。

"你的信息很重要！"小亦说，"如果我们想吸引客人，就得卖一些既便宜又耐玩儿的动漫产品。"

"对，就是这样！"皮蛋儿说，"我们下个星期日就去批发市场进货。"

"问题是，咱们可以投入多少钱呢？"小亦问道。

"我手里只有 156 元。"皮蛋儿说。

"我有 207 元。"小亦说。

"加上我的 195 元，一共是 558 元。"咚咚说，"我们该怎么用这笔钱呢？"

"先进一批便宜的和动漫有关的小玩意儿吧，比如贴画、玩偶之类的。还可以进一些女孩子喜欢的八音盒、小饰品等。"小亦说，"另外，咱们的摊位就叫'动漫一角'吧。"

"嗯，我也是这么想的。"皮蛋儿说，"等以后挣了钱，我们再为'动漫一角'进一些更好的玩具。"

"那我们该怎么分工呢？"小亦问。

"我经常跟着妈妈去批发市场，可以负责进货；咚咚管钱；小亦能说会道，应该做销售。"皮蛋儿提议说。

"好呀，我就喜欢管钱！"咚咚笑着说。

"嗯，我挺喜欢做销售的。但是平时你们也要帮我，否则我一个人可忙不过来。"小亦说。

哈哈！我就喜欢管钱！

"那是当然，这是我们共同的生意，当然要一起努力！"咚咚和皮蛋儿说。

"那好，就这么定了！"小亦开心极了。

大家达成共识。进货、装饰货架、策划开业活动，他们要忙的事情还有很多呢！

第 5 章

开业啦

对做生意的人而言，开业这一天非常关键。如果这一天顾客盈门、生意红火，老板就会更有信心和激情。但是，如何才能做到开门红呢？

星期五放学后，咚咚和小亦一回家就赶紧写作业。

"哟，这是怎么啦？平时不都是周六才开始写作业吗？"咚妈笑着问兄妹俩。

"妈妈，我们的'动漫一角'周日就要开业了，明天我们要去装饰货架什么的，会很忙的，所以我们三个商量好了，要在明天中午之前把作业写完。"小亦解释道。

"我本来还有点儿担心你们会因为做生意而耽误学习呢。看你们都这么懂事，我就放心了！"咚妈欣慰地说。

"我们是学生，当然要以学业为重！"小亦说。

做完作业，咚咚开始畅想做生意时的情景。

我们三个的小天地。

第二天，咚咚他们几个人吃完午饭就急匆匆地跑到哆妈的店铺集合，准备布置"动漫一角"。

他们摆放商品、粘贴价格标签儿……一切都进行得非常顺利。

"对了，咱们收钱的时候是让顾客用现金支付，还是用手机支付呢？"小亦问道。

"小朋友用现金支付的多些。"皮蛋儿说。

"那万一有人用手机支付呢？"咚咚问。

"我有办法！"这时小亦跑到哆妈面前说，"阿姨，如果有人用手机支付的话，您能帮我们收钱吗？"

"好呀，没问题！"哆妈痛快地答应了，又说，"明天你们的'动漫一角'就开业了，你们准备每天用多少时间来经营呢？"

"每天放学后只营业一个小时，然后必须回家写作业。至于到了周末或者寒暑假，我们每天只营业半天时间，因为要拿出半天的时间来学习。"咚咚说。

"嗯，听起来很合理。可是，如果有一天客人比较多，生意特别好呢？"哆妈又问。

"那就只能劳烦阿姨您了。"小亦说，"我们回家后，如果还有客人买我们的商品，就麻烦您代替我们卖货，我们每个月除了付给您租金之外，还会付给您一笔帮忙卖货的报酬。"

"阿姨是自愿帮忙的，不要你们的钱。"哆妈笑着说。

"那可不行！我爸爸说了，让您帮忙就必须给您钱，这才像做生意的样子！"咚咚说。

"那好吧。你们的安排还真不错，既不耽误学习，又不影响做生意！"哆妈说。

赶紧回家休息！明天就开始营业了！

布置货架太累了，想睡觉！

小学生学习做生意时不能本末倒置。什么是本末倒置呢？就是把主次顺序颠倒了。学习才是"本"，做生意只是"末"，我们要把学习放在首位，把做生意当作一种生活体验，这样才不会荒废学业。

星期日到了，咚咚他们几个人一大早就来到店里。不久，店里来客人了，是一位上中学的姐姐。

"我们'动漫一角'开业大酬宾啦，满 20 元送礼品，满 50 元减 5 元，满 100 元减 10 元啦！"小亦大声说道，她可不想放过任何一位客人。

这位客人果然被吸引了，来到他们的货架前，说："哟，好可爱啊！"

25元，25元，只要25元！

"这个八音盒不错，多少钱一个？"客人问。

"这个呀，只要25元！"小亦说。

"你们卖得很便宜！"客人说，"我买这个。"

"好的，我帮您装好！"小亦赶紧把八音盒装进漂亮的礼品袋里，然后递给客人。

咚咚收好钱后，送给客人一个小挂件，说："这是我们送给您的小礼物，欢迎下次光临！"

客人走出店门后，三个小伙伴高兴得跳了起来。

"开业大酬宾，快来看看呀！"小亦又开心地吆喝起来。

"我想要小玩偶！"一个小男孩对妈妈说。

"我要买两张公主的贴画。"一个小女孩说。

"我要章鱼玩偶！"另一个小女孩说。

今天的生意真好呀！

三个小伙伴既紧张又兴奋，一直忙忙碌碌，非常开心。

一转眼，大半天的时间过去了，他们准备回家了。

"咚咚，快看看咱们今天挣了多少钱？"皮蛋儿说。

"好！"咚咚打开装钱的盒子，开始数起来。

小亦和皮蛋儿十分期待地等着结果。

"一共是 296 元！"咚咚拿着一沓钱说。

"太棒了，减去成本，我们今天赚了 85 元呢！"小亦和皮蛋儿高兴地拉着手转起圈来。

"真是不错呀！"哆妈也称赞道，"第一天就有这样的收获，祝贺你们！"

开业时间的选择非常重要。如果在大家都放假休息的时候开业，效果会更好。

"阿姨，我们要回家预习明天的功课了，如果等会儿还有客人来，就要拜托您了。"小亦说。

"没问题。"哆妈笑道。

他们三个赶紧把货物收拾好，清点今天都卖出去多少，列好下次要进货的清单，然后就一起回家了。

预习完功课后，小亦还在埋头写东西。

"你在写什么呢？"咚爸问她。

"营业总结呀！"小亦说，"我们要把每天的营业情况总结一下，这样能积累更多经验。"

"嗯，真是不错！"咚爸问，"你觉得你们的店铺能开多长时间呢？"

"当然是一直开下去呀，我们才不会半途而废呢！"小亦说，"而且我们都相信，我们的生意一定会越做越好的。"

"那我就祝你们生意兴隆！不过，你们还是必须要以学业为重。"咚爸笑着说。

第 6 章

让我们的小生意红火起来

　　每家店铺都希望自己的生意红红火火，生意越红火，干劲儿就越足。但是，这件事情远比我们想象的要难得多。我们不但要做到产品质量好、宣传深入人心，还要做到服务到位，真是一项艰难的大工程啊！

"动漫一角"开业一段时间了，除了最开始那一天生意比较红火之外，之后的生意都挺冷清的，咚咚有些发愁。

　　"愁有什么用啊，你要打起精神来，想办法让生意越来越好才行啊！"咚爸说。

　　"能有什么办法呀？"咚咚垂头丧气地说。

　　"你们可以动员身边的人，比如让同学帮忙宣传！"咚爸提醒道。

　　"可是，人家能免费帮我们宣传吗？"小亦开始犯难。

　　"这很简单啊，比如凡是推荐客人到店里来的人，买东西时都有折扣。"咚爸出了个主意。

　　"这个办法好！"小亦兴奋地说。

　　小亦、咚咚和皮蛋儿先从自己班开始，发动认识的同学为他们的'动漫一角'做宣传。不到半个月，更多同学都知道附近有个"动漫一角"了，店里的客人真的比以前多了一些，但好像有哪里不对劲儿。

欢迎下次光临，送您一张优惠券。

唉，逛的人多，买东西的人少。

"客人是多了，但我们的生意并没有太大的变化呀！大家只是进来看一看，什么都不买就走了。"小亦发现了这个问题。

"你们应该培养一些忠实的客人。"哆妈说。

"客人还分忠实的和不忠实的啊？"小亦问。

"当然！忠实的客人就是常来消费的客人。"哆妈说。

"可是，忠实的客人该怎么培养呢？"三个小老板问。

哆妈说："商场经常用积分换礼的方法，不过你们的商品少、单价低，不适合这个方法。"

三个人一筹莫展。

想让生意红火，我们就要扩大宣传范围，宣传店铺的特色，扩大店铺的知名度，还可以推出各种有吸引力的优惠活动，让老客户推荐新客户，等等。

小亦还想多招揽一些客人，不过事与愿违。

有一天，店里来了一个男孩，小亦热情地向他推荐店里的商品。

她一刻不停地给客人介绍，根本没注意客人的反应。

"太唠叨了！"客人烦躁地撂下这句话就走了。

这样的事儿发生过不止一次。

"你向客人推荐时不能喋喋不休。"哆妈说。

"好吧，我以后会注意的。"小亦说着，做了个深呼吸，然后调整好情绪，继续工作。

想要生意好，推销少不了。但我们要把握好说话的度，该多说的时候多说，不该说的时候不说，否则会让客人很反感。

这时，店里又进来一位客人。

"你喜欢什么？我可以给你推荐。"小亦笑着对客人说。

"嗯，我还是自己选吧！"客人说。

"好的。"小亦吸取刚才的教训，决定少说点儿话。

这个客人在货架上翻来翻去，货架上的东西都被他翻乱了。

"真烦人！把货架搞得乱七八糟的！"咚咚嘟囔了一句。

"嘘，我们不可以这样说客人！和气才能生财呢！"哆妈提醒道。

"我知道了！"咚咚羞愧地说。

三个小伙伴想出各种办法来促销，却因为生意一直没起色而发愁，不知不觉就占用了很多时间。

咚爸说："琢磨做生意很重要，但你们不能忽视学习啊！"

开网店容易吗

现在很多商人都是"蜘蛛侠"，为什么这么说呢？因为他们都在"网"上做生意，他们经营的店铺叫作"网店"，人们可喜欢在这些网店买东西了！那么网店到底是什么？开网店容易吗？

小亦听说皮蛋儿的妈妈开了一家网店，生意特别好。

"我妈妈可厉害了，每天都能接到好几十个订单呢！"皮蛋儿自豪地说。

"好几十个订单？太厉害了！"小亦惊叹道。

"对呀，而且她不用自己进货，也不用自己发货，每天只在电脑上和客户聊天，钱就挣到手了。"皮蛋儿说。

"哇，太厉害了！我好想听阿姨给我讲讲开网店的事儿啊！"小亦兴奋地说，"咱们有没有可能也开一家网店？"

"我也想听阿姨讲关于网店的事儿！"咚咚心里也充满好奇。

网店怎么开?

这天，咚咚和小亦来到皮蛋儿家，听皮妈讲开网店的事情。

"简单地说，开网店就是在互联网上进行商品交易，在互联网上做生意。"皮妈说。

"不就是换个地方做生意吗？我们已经有一些经验了。"皮蛋儿说。

"网店和实体店是不同的。"皮妈说，"开网店需要有互联网思维，而且网店需要依靠平台做生意，要关注平台的动态，要随时注意网上客户的订单信息和咨询。"皮妈耐心地讲解着。

在咚咚他们眼中，此时的皮妈就像学校里耐心的老师一样。

跟全世界做生意，太酷了！

　　"平台？什么是平台？"咚咚问。

　　"就好比是一个大商场，但这个商场开在网上，全世界的人都可能看到。"

　　"您是说，如果开了一家网店，全世界的人都可能来店里买东西吗？"咚咚惊讶地问道。

　　"这和网店选择的平台有很大关系，有的平台只允许网店在国内市场做生意，有的平台却能让网店在全球市场做生意。"皮妈解释道。

　　"开一家面向全世界的网店，多累啊！"小亦感叹道。

　　"任何事情，要想做好，都很不容易。"皮妈说。

"刚才说的客户的范围不同，就是网店和实体店的一大区别。"皮妈接着说，"另外，开实体店，我们必须有店铺，要在店里接待客户，要进货、补货等，非常忙碌。但是我开的这种网店就方便多了，只需一台电脑，注册一个账户，找到厂家，找好物流公司，就能做生意了。"

"您能说得再简单点儿吗？我还是没听懂。"小亦脑子里都乱成一锅粥了。

"网店有很多种，有的网店和实体店很像，进货、装饰店铺、营销、客服、给客户发货全都靠自己。"皮妈接着说。

一台电脑走天下！

和实体店相比，网店最大的优势就是方便，让人们足不出户就能买到东西。从客户的范围来看，网店的客户群体更大。实体店的客户一般局限于某个区域，但是网店的客户遍布全国，甚至全世界。

"那您装饰店铺吗？我看我妈妈在网上买东西时，不同的店铺有不同的特点，特别吸引人！"咚咚说。

"只要付钱，就有专业的人替网店店主做这件事情。"

"那您是不是常常要和客户沟通啊？很费时间吧？"小亦问。

"现在的人工智能客服能解决许多小问题，我不需要一直盯着店铺的。"皮妈笑眯眯地说。

"哇，太方便了！"小亦、咚咚、皮蛋儿都非常震惊。

了解了这些信息后，他们几个在皮妈的电脑上看皮妈的网店。

"怎么才能吸引客户来网店买东西呢？"咚咚很好奇。

"您会发动熟人来店铺消费吗？"小亦问道。

"你们不能用做实体店的思维来想象网店的经营方式啦！"皮妈说，"网店面对的是全国的市场，要想办法在互联网上吸引或寻找客户，而不是从现实生活中找客户。"

"可是，怎样才能让陌生人看到并逛您的网店呢？"小亦十分困惑。

"网店要积极参加平台的促销活动，或者网店要自己做促销活动，比如包邮、满减、买一送一等，这些促销活动能提升网店在平台上的曝光度，可以让更多人看到网店中的商品。"皮妈认真地回答他们的问题。

"做网店，前期都是靠活动来积攒人气的，网店店主一定要有耐心才行。"皮妈继续说。

"您刚开网店的时候也是这么做的吗？"小亦问。

"当然啦！坚持了一段时间，客人越来越多之后，我的网店的利润才逐渐提高了。"皮妈说。

"看来，开网店需要不断动脑筋，也需要走很长一段路呢！"咚咚说。

"是啊！赚钱可没有想象的那么容易。"皮妈说。

"的确是！我们开'动漫一角'后已经有体会了。"咚咚沉思了一下后，又继续发问，"那怎么给客人发货呢？"

"我见过我妈妈和快递公司的人员沟通运费和取货时间。我妈妈和快递公司谈好后，每天有固定的快递公司来取货，然后把货发走。"皮蛋儿替皮妈回答了这个问题。

"遇到客户退货可怎么办呢？"咚咚想问题比较全面。

"这种情况很常见，网店必须按照相关规定及流程给客户退货。"皮妈说。

"唉，开网店听起来很有吸引力，但感觉挣钱也很难。"咚咚说，"我觉得，我们还是先好好学习吧！以后还有很多有意思的事儿等待我们去体验呢！"

"是啊，我们先好好学习，长大后可以体验更多有趣的，并且能挣钱的事儿呢！"小亦和皮蛋儿也这么认为。

还得处理退货，开网店实在太难了！

第8章

做生意也能交到好多朋友

　　很多经商的人都说，做生意有一种魔力，能把我们和陌生人联系起来，甚至变成好朋友。原本陌生的客人，也因为参与了我们的生意而结为好友。

　　"喂，你好呀，你要我陪你去公园玩儿？好啊！"小亦最近经常接到各种邀约电话。

　　"我发现你的朋友越来越多了。"咚妈听到后笑着说。

　　"对啊，他们都特别喜欢约我出去玩儿！"小亦说。

　　"看，这就是做生意的好处。你不但能挣钱，还能交到这么多朋友！"咚妈说，"不过，我看你最近的成绩有些下降，可不能掉以轻心啊！"

　　"就是呢！我很多新朋友都是店里的客人。"小亦非常认同妈妈的说法，"妈妈，我一定会努力学习的！一定把成绩提上去！"

周末，咚咚、小亦、皮蛋儿去附近的公园玩儿，谈论起经常来店里买东西的一个女同学。

"她在我们店里买了各种八音盒，是因为她喜欢音乐吗？"咚咚问道。

"你猜对了，她喜欢音乐，还会弹钢琴！我听说她的钢琴已经考过八级了。"小亦说。

"哇，好棒啊！"咚咚佩服地说。

"咱们也很棒啊！把咱们做生意的想法变成了现实。"皮蛋儿十分自信地说。

说曹操，曹操到。他们夸奖的那个女同学走了过来，笑眯眯地对他们说："我给你们介绍的那几个同学怎么样，是不是经常去你们店里买东西？"

我也想站在聚光灯下，成为主角。

"对呀，他们已经是我们店里的常客了。"小亦说，"我们都要谢谢你！"

"你们应该感谢你们自己！"

"啊？为什么这么说呢？"小亦问。

"因为你们卖的玩具物美价廉，服务态度又特别好，我才向好朋友推荐的啊！"

受到夸奖，小亦他们几个自然高兴。

"做生意真的太好玩儿了，一家店铺就能把很多人都连接起来！"小亦很开心。

做生意并不是单纯地挣钱，还要处理各种人际关系。如果我们像对待朋友一样和客人相处，真诚、耐心、友好，客人不但会经常光顾我们的生意，还会主动给我们介绍新客人呢！

咚咚突然说："可是我的学习成绩下降得很厉害。"

小亦也说："妈妈最近也提到我的成绩了。"

皮蛋儿也低下头："我也是，做生意占了咱们太多时间，学习的时间变少了。"

咚咚说："我有个建议，我们已经知道了一些做生意的常识，最初的目的达到了，可以把店关掉了。我们必须先把学习搞好。"

"我同意。"小亦说。

"就这么结束了？"皮蛋儿有些不甘心。

小亦说："我们搞一次聚会吧！然后再正式关闭我们的店铺。"

最后，大家达成一致意见。

聚会细节敲定后，三个人开始分头通知大家。

　　周末到了，十几个小朋友聚在公园里，玩儿游戏、吃零食、唱歌、聊天，可高兴了。好几个小朋友都发现，他们彼此之间有很多共同爱好，于是越聊越来劲儿，越聊越开心。

　　小亦还见到了那天在店里挑选玩具挑选了很长时间的那个男孩。

　　"嘿嘿。"男孩不好意思地说，"大家都叫我'小磨叽'，因为我买东西时总是要挑很久。"

　　"他买东西真的好慢，有时候都把店铺的老板惹急了！"一个认识他的女孩笑着说。

　　"嘿嘿，的确是这样！"男孩说，"不过你们的服务态度真好，我都把东西翻乱了，你们也没有生气。"

原来是你啊！

就是我，我就是"小磨叽"。

"所以我特别喜欢你们，每次想买玩具时，总会先去你们店里看一看。"男孩继续说道。

"谢谢！"皮蛋儿说，"不过我们计划关掉'动漫一角'，认真做好现在最重要的事儿——学习，把学习成绩提上去。我们这次学习做生意，最大的收获就是认识了你们这些新朋友。"

这时，有个小朋友大声说："小亦、皮蛋儿、咚咚，真是太谢谢你们了，让我也认识了这么多好朋友！"

"虽然我们的店铺将会关闭，但只要大家喜欢，我们以后可以经常举办这样的聚会！"小亦说。

"太好啦！"小朋友们一起说道。

感谢大家，我们以后会经常组织大家聚会的！

回家后，咚咚他们做了工作总结。

"怎么样，做生意累吗？"咚爸问兄妹俩。

"确实有点儿累。不过我觉得很开心，因为我不但体验了如何做生意，还结交了很多朋友。"咚咚说。

"这就是做生意的魅力。"咚爸说，"其实很多老板都非常辛苦，但是他们干得有滋有味，因为他们不但得到了物质上的回报，还结交了一些志同道合的朋友，这可是一笔宝贵的财富呢！"

为了增进客户与公司的友谊，很多公司都会为客户举办各种聚会，比如客户联谊会、客户答谢会等。这类聚会氛围轻松有趣，能增加客户对公司的好感。